Dominio de Google Meet

Aproveche al máximo Google Meet con estas estrategias y secretos probados

Tabla de contenidos

Introducción

En el clima actual, muchas personas están usando "reuniones virtuales" para conectarse con familiares y amigos porque no pueden reunirse en persona. Los servicios de videoconferencia tienen más demanda que nunca.

Pero muchas personas tienen un problema con estos servicios...

El uso de un servicio de videoconferencia puede ser abrumador para los recién llegados que no han usado uno antes. La realidad es que estos servicios no son difíciles de usar cuando sabes lo que estás haciendo.

En este informe especial le mostraremos cómo dominar Google Meet incluso si nunca antes ha utilizado un servicio de videoconferencia. Desde su lanzamiento, Google Meet ha demostrado ser muy popular entre los usuarios. Hay una opción gratuita que puede usar para comenzar, y si necesita más del servicio, hay una actualización que solo cuesta $ 8 cada mes.

Una de las razones por las que Google Meet es tan popular son las funciones de seguridad avanzadas, lo que significa que puede usar el servicio para comunicarse con quien quiera sin preocuparse por ninguna interferencia.

Gmail es el cliente de correo electrónico más popular del mundo, y Google Meet se integra perfectamente con él y con Google Calendar también. Como resultado, es fácil para usted usar Google Meet para sus videollamadas y mantenerse organizado al mismo tiempo.

Google Meet tiene mucho más que ofrecer de lo que la mayoría de la gente cree. Al leer este informe especial, aprenderá todo lo que necesita para dominar Google Meet. Te debes a ti mismo aprovechar al máximo todos los beneficios que Google Meet puede proporcionar.

En la primera sección de este informe, revelaremos todo lo que necesita saber sobre Google Meet.

Vamos directo a ello...

Lo que necesitas saber sobre Google Meet

Es muy fácil comenzar con Google Meet.

Usar Google Meet en cualquier dispositivo

Puede usar el servicio en su computadora de escritorio o portátil, así como en un teléfono inteligente o tableta. Empieza por ir a https://meet.google.com/

Si está utilizando una computadora para acceder a Google Meet, todo lo que necesita es su navegador web favorito, como Google Chrome. Para dispositivos móviles hay una aplicación móvil de Google Meet disponible. Para descargar la aplicación para un dispositivo Android, vaya a Google Play Store. También está disponible para dispositivos Apple iOS y puede encontrar la aplicación en Apple App Store.

Nota importante: Para usar Google Meet necesitas una cuenta de Google, como una cuenta de Gmail. Si no tiene una cuenta de Google, puede configurar una de forma gratuita en unos minutos.

Es fácil empezar

Lo primero que debe hacer es iniciar sesión con los detalles de su cuenta de Google. A continuación, puede iniciar una nueva reunión o introducir el código de reunión que otra persona le ha proporcionado para que pueda unirse a una reunión que ha iniciado.

Antes de iniciar una reunión o unirte a ella, te recomendamos que compruebes la configuración de vídeo y audio para que puedas verte y sonar bien en tu reunión de Google Meet. Verá el enlace para su Configuración en la esquina superior derecha de su pantalla.

La cuenta gratuita de Google Meet

La cuenta gratuita con Google Meet tiene algunas buenas características y puede ser todo lo que necesita. Con la versión gratuita obtienes un máximo de una hora (60 minutos) de tiempo de pantalla para cada una de tus sesiones. También es posible concertar una reunión con hasta 100 participantes.

Si necesita más tiempo para sus reuniones en Google Meet o desea crear reuniones que tengan más de 100 participantes, deberá actualizar su cuenta a la versión paga.

Con la cuenta gratuita de Google Meet, obtendrá estas características:

- Acceder a Google Meet mediante un navegador en cualquier dispositivo o mediante el uso de la aplicación móvil
- Comparta la pantalla de su computadora con todos los participantes de la reunión
- Invitar hasta 100 personas a una sesión de Google Meet

- Cambie el diseño de su sala de reuniones virtual a sus preferencias
- Cuando un participante hable, verá subtítulos en inglés en su pantalla

Las características básicas de Google Meet

Todo lo que necesita hacer para comenzar su propia sala con Google Meet es usar el enlace "Nueva reunión". Cuando haga clic o toque en este enlace, se le presentarán 3 opciones. Debe elegir "reunión instantánea". Cubriremos las otras 2 opciones un poco más adelante.

Recibirá un mensaje en su pantalla solicitando su permiso para acceder a su cámara de video y su micrófono. Asegúrese de confirmar esto, ya que necesita su cámara y micrófono para participar en reuniones. Después de proporcionar su permiso, debería verse en la sala de reuniones que ha creado.

Cuando otras personas se unan a su sala de reuniones, verá un mosaico de ellos en su pantalla. Todos los que participen en la reunión tendrán un mosaico. Su pantalla estará bastante ocupada si hay muchos participantes en su reunión.

Hay características con las que debe estar familiarizado en su pantalla de video. Los verá en la parte superior de la pantalla y en la parte inferior.

En la parte inferior de la pantalla, verá varios controles, incluido un icono para su cámara de video, un icono para su micrófono y un botón donde puede "dejar la llamada".

Si desea poner su micrófono en "silencio" por cualquier motivo, puede hacerlo haciendo clic o tocando el icono del micrófono. El icono del micrófono cambiará con una línea a través de la imagen del micrófono y también se volverá rojo. Nadie más podrá oírte en la reunión si silencias el micrófono. Cuando desee activar el micrófono, simplemente haga clic o toque el icono del micrófono nuevamente.

Puede apagar la cámara haciendo clic en el icono de la cámara. Cuando hagas esto, otros participantes no podrán verte. Puede haber momentos en los que tenga que hacer otra cosa mientras se realiza la llamada y no quiera que los otros participantes vean lo que está haciendo. Si tiene una imagen asociada con su cuenta de Google, los otros participantes la verán cuando apague su cámara. De lo contrario, verán una pantalla en blanco para su icono. Solo haga clic o toque el botón "dejar llamada" cuando desee salir de la llamada.

Otra característica útil en Google Meet es "chat". El botón de chat es un icono con una "burbuja de diálogo" que encontrará en la esquina superior derecha de su pantalla. Cuando haga clic o toque esto, verá aparecer una ventana de chat. Luego puede escribir lo que quiera en la ventana de chat, y cuando presione la flecha junto a su texto, mostrará su mensaje a todos los participantes. Tal vez necesite compartir información importante con los participantes, como una URL. Es mejor para usted escribir esto en el chat que tratar de hablarlo y cuando use la función de chat no interrumpirá a otra persona cuando esté hablando.

Junto al botón de chat hay un icono que tiene dos cabezas y cuando haga clic o toque en esto, verá una lista de todos los participantes de la reunión. Estas funciones son las básicas de Google Meet. No tardarás mucho en acostumbrarte a ellos.

En la siguiente sección, revelaremos características más avanzadas de Google Meet ...

Funciones avanzadas de Google Meet

En esta sección, cubriremos las funciones más avanzadas de Google Meet.

Inicio de una nueva reunión

Es muy fácil iniciar una nueva reunión de Google Meet. Si está utilizando una computadora, abra un navegador y navegue hasta meet.google.com. Verá un enlace de "nueva reunión" y cuando haga clic en esto, comenzará una nueva reunión. También puedes acceder a Google Meet desde tu cuenta de correo electrónico de Gmail.

Cuando utilices un smartphone o tablet, te recomendamos que descargues e instales la aplicación Google Meet. Con un dispositivo Android, solo necesita abrir la aplicación Google Meet y luego tocar "nueva reunión". Hará lo mismo si tiene un dispositivo Apple iOS como un iPhone o iPad. Analicemos las 3 opciones de "nueva reunión" ahora.

Al hacer clic o tocar el enlace "nueva reunión" se le presentarán las siguientes 3 opciones:

1. Iniciar una reunión instantánea
2. Obtener un vínculo de reunión para compartir
3. Programar una reunión en Google Calendar

Estos son bastante autoexplicativos. Puede iniciar su reunión de inmediato, crear un enlace de unión para otros participantes y enviárselo o programar una reunión en el futuro con Google Calendar.

También puede iniciar una reunión o unirse a una directamente desde su cuenta de Gmail. Habrá una sección llamada "Meet" que generalmente está en el lado izquierdo, pero puede estar en otro lugar. Aquí habrá dos opciones que son "nueva reunión" y "unirse a una reunión". Si inicia una nueva reunión desde su cuenta de Gmail, verá las mismas tres opciones que discutimos anteriormente.

Para los primeros 5 participantes que lleguen a su sala de reuniones virtual, escucharán un timbre. Después de eso, no hay señal audible para que lleguen participantes adicionales, pero verá una notificación de texto.

Cuando eres tú quien inicia una reunión en Google Meet, te conviertes automáticamente en el administrador de la sala. Discutiremos esto con más detalle más adelante.

Como puedes ver, iniciar una reunión con Google Meet es muy fácil de hacer.

Cómo unirse a una reunión

Si te han invitado a una reunión en Google Meet, el administrador te enviará un "enlace para unirte". Este enlace contendrá una cadena de caracteres. La primera forma en que puede unirse a una reunión es usar su navegador e ir a meet.google.com. Verá un enlace para "unirse a una reunión" y cuando haga clic o toque en él, se le pedirá que ingrese el código de unión de 10 dígitos que le envió el administrador de la reunión. Después de ingresar el código (puede copiar y pegar aquí), haga clic o toque "continuar" y luego presione "unirse ahora" y entrará en la reunión.

También puedes unirte a una reunión desde tu cuenta de Gmail. Busque la sección "Reunirse" y luego haga clic o toque "unirse a una reunión" y deberá ingresar el mismo código de 10 dígitos que hizo anteriormente. Luego presiona "unirse" como antes. Cuando se una a una reunión, compruebe que la cámara esté encendida y que el micrófono esté enchufado (si corresponde).

Si tiene una reunión de Google Meet programada en Google Calendar, todo lo que necesita hacer es abrir Google Calendar el día de la reunión y hacer clic o tocar la entrada. Verá la opción de "unirse con Google Meet" y cuando haga clic o toque en esto, aparecerá otro cuadro con un enlace "unirse ahora". Cuando presione esto, se unirá automáticamente a la reunión.

Es posible que te unas a una reunión si no tienes una cuenta de Google. El administrador de la reunión deberá tener la versión de pago denominada edición de Google Workspace y deberá concederle acceso a la reunión. Esto solo es posible usando una computadora o computadora portátil. La conclusión es que es mejor si tiene una cuenta gratuita de Google, ya que puede unirse a cualquier reunión en Google Meet desde su computadora o dispositivo móvil.

Sin una cuenta de Google, recibirá un correo electrónico o un mensaje de chat con el enlace de la reunión. Luego puede hacer clic en "solicitar unirse" y deberá esperar a que el administrador le otorgue acceso. En el caso de que no tenga un correo electrónico del administrador, vaya a meet.google.com y luego haga clic en "usar un código de reunión". Ingrese el código que recibió del administrador y luego presione "continuar". Habrá un enlace "solicitar unirse" y debe hacer clic en esto y esperar a que el administrador lo permita ingresar a la reunión.

Para unirse a una reunión con un dispositivo móvil, debe abrir la aplicación Google Meet y luego deslizar el dedo desde la parte inferior de la pantalla para ver las reuniones que ha programado. Solo verás las reuniones programadas con Google Calendar.

Busque la reunión a la que desea unirse y luego toque el botón "unirse". Alternativamente, puede tocar el enlace "código de reunión" donde puede ingresar directamente el código que recibió del administrador de la reunión. Si no tiene una cuenta de Google, deberá tocar "unirse a la reunión" y luego "solicitar unirse" y esperar a que el administrador lo deje entrar. Con un dispositivo Apple iOS, la única diferencia es que hay un enlace de "unirse con código" en lugar de un enlace de "código de reunión".

En la siguiente sección, explicaremos cómo puede agregar personas a una reunión ...

Cómo añadir personas a una reunión de Google Meet

Tienes la opción de añadir personas antes de que tenga lugar una reunión de Google Meet o cuando la reunión ya esté en marcha. Al iniciar una "reunión instantánea", deberá agregar a otras personas antes de comenzar la reunión. Si algunas de las personas a las que invita no tienen una cuenta de Google, deberá otorgarles permiso para unirse como discutimos en la sección anterior.

Agregar personas a la reunión

Es fácil para usted agregar otras personas a su reunión. Habrá un icono de "agregar personas" que tiene la forma de una cabeza y hombros con un signo + al lado. Aquí puede agregar una persona de su lista de contactos existente o puede ingresar su dirección de correo electrónico para que reciba una invitación a la reunión.

Alternativamente, puede usar el ícono que tiene dos hojas de papel conocido como "copy joining info". Esto revelará el vínculo de unión para la reunión y puede copiarlo y luego pegarlo en un correo electrónico o un servicio de chat para que la persona reciba el enlace.

Si se encuentra en la sala de reuniones, hay un enlace de "detalles de la reunión" que también le proporcionará los detalles del enlace de invitación. Debería encontrar este enlace en la esquina inferior izquierda de su pantalla.

También tiene la capacidad de admitir participantes de reuniones a granel. Cuando inicias una reunión en Google Meet, eres el administrador y la única persona que puede aprobar o denegar la entrada a tu sala de reuniones. Esto significa que debe estar disponible hasta que todas las personas que ha invitado se hayan unido a la reunión.

Cada vez que una persona quiera unirse a su reunión, verá un mensaje y dos opciones que son "admitir" o "denegar la entrada". Si tiene varias solicitudes de unión, puede hacer clic o tocar el enlace "ver todo" y luego elegir admitir o denegar junto al nombre de cada persona. Tienes la opción de "admitir a todas" las personas o "negar todas".

Quitar a alguien de la reunión

Es posible que deba eliminar a una persona de una de sus reuniones por diferentes motivos. Tal vez alguien está interrumpiendo la reunión y, a pesar de que les adviertes, persisten con este comportamiento.

Para eliminar a una persona de su reunión, haga clic en el icono que tiene dos personas llamado icono "personas" y busque su nombre en la lista de participantes. Haga clic o toque su nombre y luego en la < (flecha hacia atrás) y finalmente "eliminar", que es el signo -.

En la siguiente sección, explicaremos cómo cambiar el diseño en Google Meet ...

Cómo cambiar el diseño de Google Meet

El diseño estándar con Google Meet en una videollamada es mostrar los altavoces que son el contenido más activo o el más activo. Es fácil cambiar esto para que pueda elegir el número de participantes de la reunión que desea mostrar.

Si está utilizando una computadora con un navegador, en la parte inferior derecha de su pantalla verá 3 puntos verticales. Cuando haga clic en esto, verá algunas opciones diferentes. Debe optar por la opción "cambiar diseño". A continuación, verá las 4 opciones diferentes a continuación:

Automático : esta es la vista predeterminada para las llamadas en Google Meet. En esta vista predeterminada, podrá ver hasta 9 participantes de la reunión en su pantalla.

Barra lateral : aquí puede hacer que la imagen del orador principal o el contenido compartido sea el centro de atención en la videollamada. Al lado del orador principal, verá miniaturas de los otros participantes.

Spotlight : si elige este diseño, el altavoz principal o una pantalla compartida llenarán la ventana por completo. Verá quién está hablando o una pantalla compartida por usted u otro participante. Habilitar este diseño significa que no podrá ver a nadie más en la sala de reuniones.

En mosaico : al cambiar a esta vista, puede ver hasta 49 participantes a la vez. Inicialmente mostrará 16 mosaicos, pero puede cambiar esto moviendo el control deslizante que se encuentra en la parte inferior de la pantalla. Mueva la diapositiva al número de participantes que desea ver.

Después de seleccionar su preferencia de diseño, se guarda, pero debe tener en cuenta que el número de participantes en su pantalla comienza con el número predeterminado con cada nueva reunión. Esto significa que debe cambiar el diseño de cada nueva reunión si lo desea.

Verse a sí mismo en la reunión

Si quieres verte en tu reunión, entonces puedes hacerlo. De forma predeterminada, no podrás verte en una reunión de Google Meet. Además de esto, no puede verse en una reunión si ha anclado a otro participante o ha activado el diseño de la barra lateral.

En la esquina superior derecha de la pantalla, debería ver un icono de usted mismo. Al pasar el cursor sobre este icono, aparecerá otro icono que parece un cubo con 4 cuadrados. Cuando haga clic en el enlace "mostrar en un mosaico", activará "vista automática" y verá su imagen junto con los otros participantes. Para desactivar la "auto-vista", haga clic en el enlace "eliminar mosaico".

Nota importante: podrá ver la pequeña miniatura de usted mismo cuando se lleve a cabo la reunión, pero esto no será lo mismo que un mosaico normal para todos los demás participantes. Mientras tu cámara esté encendida, los demás participantes siempre podrán verte.

En la siguiente sección, explicaremos cómo puede agregar subtítulos en Google Meet ...

Cómo añadir subtítulos en Google Meet

Si tienes dificultades con alguien que hable en tu sala de Google Meet, puedes usar la función de "subtítulos". A veces las reuniones pueden ser un poco ruidosas y esta es una reunión útil si es difícil para usted escuchar todo lo que se dice. Cuando actives la función de subtítulos, verás una versión de texto de lo que la persona está diciendo en la parte inferior de la pantalla.

Nota importante: puedes grabar reuniones con Google Meet, pero debes saber que no se incluirán subtítulos opcionales en la grabación.

Activar los subtítulos opcionales

Si está utilizando una computadora, abra su navegador y vaya a meet.google.com. Ahora puede iniciar una reunión o unirse a una. En la parte inferior de la pantalla, verá un cuadro con "CC" y si hace clic en esto, activará los subtítulos. Haga clic en el cuadro CC nuevamente para desactivar los subtítulos.

Una vez que actives los subtítulos, permanecerán activados para todas tus reuniones futuras hasta que los desactives. A veces puede encontrar que los subtítulos están oscurecidos por los iconos de control de la sala. Si este es el caso, aleje el cursor de la habitación y los iconos de control desaparecerán.

También puedes activar o desactivar los subtítulos con un dispositivo móvil. En el caso de un dispositivo Android, abre la aplicación Google Meet y, a continuación, inicia una reunión o únete a ella. Busque los 3 puntos verticales en la esquina inferior derecha y luego toque "CC" para activar o desactivar los subtítulos. La única diferencia con un dispositivo

Apple iOS es que en lugar de 3 puntos verticales hay un enlace "más" para acceder al botón "CC".

En la siguiente sección, discutiremos otras características útiles con Google Meet ...

Otros controles útiles de Google Meet

Una sala de Google Meet tiene una serie de otros controles útiles que puede usar y discutiremos los más utilizados en esta sección. Encontrarás todas estas características útiles y te ayudarán a dominar Google Meet.

La función de silencio

Puede silenciar su micrófono como dijimos en la primera parte de este informe. Hay un icono en el centro de la pantalla en la parte inferior que tiene una imagen de un micrófono. Si esta imagen tiene una línea a través de ella y es de color rojo, entonces su micrófono está silenciado.

Cuando silencias tu micrófono, ninguno de los otros participantes podrá oírte. Esto incluye que usted hable y cualquier ruido de fondo también. Si su micrófono no está silenciado, todos los participantes pueden escucharlo hablar y cualquier ruido de fondo asociado. Muchas personas silenciarán sus micrófonos en una reunión cuando no están hablando para reducir la cantidad de ruido de fondo en la llamada.

Como administrador de reuniones, tiene la capacidad de silenciar a otros participantes en la sala. Esta es una buena característica para eliminar cualquier ruido de fondo no deseado. Use el ícono "personas" y haga clic en "silenciar" junto al nombre de la persona. Alternativamente, haga clic o toque la imagen en miniatura de un participante y verá la opción de "silenciarlos". Tenga en cuenta que no puede activar el audio de ningún participante.

Si está utilizando un dispositivo móvil, busque el nombre de la reunión en la esquina superior izquierda y tóquelo. Verá la pestaña "personas" que tiene todos los nombres de los participantes y puede tocar el "menú" o 3 puntos verticales y luego tocar el enlace "silenciar".

Anclar un participante

Es posible que desee mantener a un participante a la vista en su pantalla durante una reunión. Para hacer esto usando una computadora, debe hacer clic en la imagen del participante y mantenerla. Ahora verá un icono de "pin" que parece una chincheta. Esto asegurará que el participante esté siempre visible en su pantalla. Otra forma de hacer lo mismo es presionar el ícono de "personas" y luego elegir la opción "pin".

Con un dispositivo móvil, debe tocar el nombre de la reunión en la parte superior izquierda. Aquí encontrará la pestaña "personas" y puede encontrar el nombre de los participantes y luego tocar el icono "menú". Luego toque "pin".

Chatear con los participantes

Use la función de chat para comunicarse con otros participantes en silencio para no molestar al orador. Si está utilizando una computadora, verá el cuadro de chat en la parte superior derecha de su pantalla. Haga clic en él y aparecerá una nueva pantalla de chat. Escriba su mensaje y luego haga clic en "enter" o en la flecha a la derecha de su mensaje.

Su mensaje aparecerá en el lado derecho de la sala de reuniones. Si algún participante responde a su mensaje, esto también aparecerá en el cuadro de chat. Compartir una URL es más fácil usando la función de chat. Puede compartir cualquier información en formato de texto en el cuadro de chat.

Cuando esté utilizando un dispositivo móvil para Google Meet, debe tocar el enlace "en mensajes de llamada". Encontrará esto en la parte inferior derecha de la aplicación tocando "más" o los 3 puntos verticales.

Cambiar el fondo

Es fácil para usted cambiar el fondo. Puedes cambiar el fondo antes de unirte a una reunión seleccionando la reunión en Google Meet y luego haciendo clic en el enlace "cambiar fondo" en la parte inferior derecha de tu vista personal.

Al usar una computadora, hay diferentes opciones disponibles para el fondo. Puede elegir entre una de las imágenes precargadas o puede decidir desenfocar el fondo o desenfocarlo ligeramente. Simplemente haga clic en la opción que prefiera. También es posible que cargue una de sus propias imágenes.

También puede cambiar el fondo después de unirse a una reunión. Vaya a la parte inferior derecha de su pantalla y haga clic en los 3 puntos verticales. Elija una imagen precargada, agregue su propia imagen o desenfoque o desenfoque ligeramente el fondo. Tenga en cuenta que si está utilizando un dispositivo móvil, solo puede desenfocar el fondo o dejarlo como está.

Conclusión

Ahora sabes cómo puedes dominar Google Meet y obtener los mejores resultados. Con la información de este informe especial, puede crear y unirse a reuniones, desempeñar el papel de coordinador de reuniones y utilizar las funciones más importantes.

Te recomendamos que comiences con una cuenta gratuita de Google Meet. Esto generalmente tiene todas las características que la mayoría de la gente necesita. Si encuentra que necesita más, puede actualizar a la versión premium por solo $ 8 al mes. Hay una edición Enterprise de Google Meet que es perfecta para empresas más grandes, ya que tiene hasta 300 horas para reuniones y puede acomodar hasta 250 participantes. Esta edición también tiene una función de transmisión en vivo, así como cancelación inteligente de ruido. Obtenga una cuenta gratuita de Google también si actualmente no tiene una.

Google Meet es un potente servicio de videoconferencia que tiene algunas características muy buenas. Es perfecto para comunicarse con familiares y amigos y también puede usarlo para negocios. Muchos propietarios de negocios en línea usan Google Meet, ya que es ideal para proporcionar sesiones de entrenamiento o capacitación.

¡Te deseamos mucho éxito en tus reuniones de Google Meet!

Recursos esenciales

Utiliza estos recursos esenciales para que dominar Google Meet sea aún más fácil:

Cómo usar Google Meet

https://apps.google.com/intl/en/meet/how-it-works

Las 10 funciones más utilizadas en Google Meet

https://gcloud.devoteam.com/blog/the-10-most-used-features-in-google-meet/

7 consejos para usar Google Meet for Business

https://www.copper.com/resources/7-tips-to-use-google-meet-for-business

Cómo grabar una videollamada de Google Meet

https://www.businessinsider.com/how-to-record-google-meet

Sobre el autor

C.X. Cruz nació en Puerto Rico y ha vivido en el área de la ciudad de Nueva York desde que tenía 14 años. Tiene títulos de posgrado de la Universidad Estatal de Nueva York y la Universidad de Honolulu en Ciencias de la Computación. Ha trabajado para bancos de inversión europeos como UBS y para bancos estadounidenses como Goldman Sachs. Sus pasatiempos incluyen la silvicultura y el remo.

Cuando era un estudiante graduado muy joven, Cruz pensó en publicar libros. Era extremadamente difícil publicar un libro usando los métodos tradicionales hace 30 años. Renunció a este sueño editorial en ese entonces. Afortunadamente, hay numerosas maneras de convertirse en un autoeditor hoy. Internet ha democratizado muchos negocios, como la publicación de libros. Cruz puede brindarle un gran contenido y un excelente precio. Nunca dejes de leer y aprender. ¡Cruz sabe que disfrutarás leyendo sus libros!

Legal

El material de este libro se obtuvo de InDigitalWorks.com con derechos de participación.

Exención de responsabilidad

Bajo ninguna circunstancia el creador del producto, programador o cualquiera de los distribuidores de este producto, o cualquier distribuidor, será responsable ante ninguna parte por cualquier daño directo, indirecto, punitivo, especial, incidental u otro daño consecuente que surja directa o indirectamente del uso de este producto. Este producto se proporciona "tal cual" y sin garantías.

El uso de este producto indica su aceptación de la política de "Sin responsabilidad". Si no está de acuerdo con nuestra política de "No responsabilidad", entonces no se le permite usar o distribuir este producto (si corresponde). El hecho de no leer este aviso en su totalidad no anula su aceptación de esta política si decide utilizar este producto.

La ley aplicable puede no permitir la limitación o exclusión de responsabilidad o daños incidentales o consecuentes, por lo que la limitación o exclusión anterior puede no aplicarse en su caso. La responsabilidad por daños y perjuicios, independientemente de la forma de la acción, no excederá la tarifa real pagada por el producto.

InDigitalWorks.com

Derechos de autor

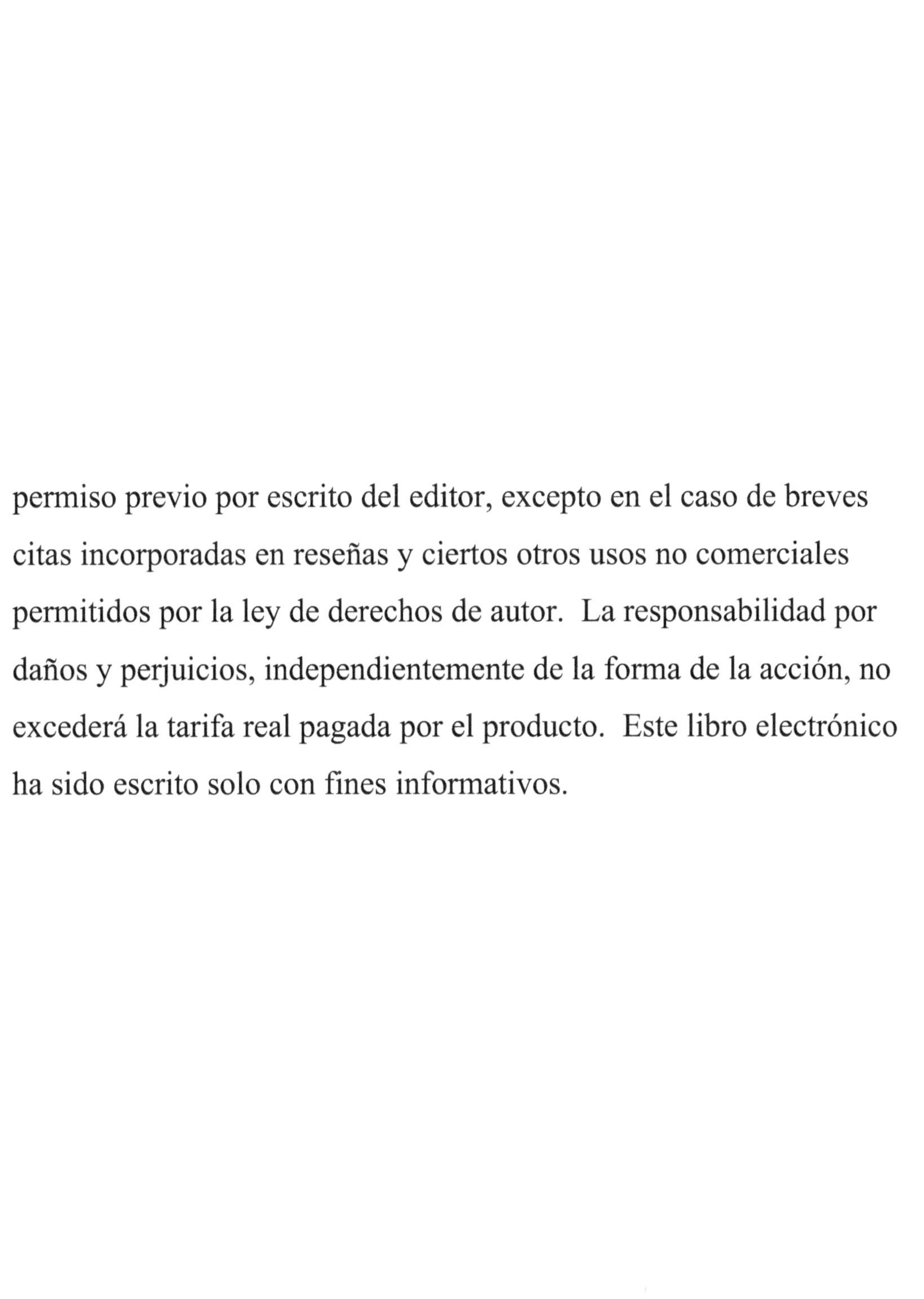

www.ingramcontent.com/pod-product-compliance
Lightning Source LLC
LaVergne TN
LVHW052113160826
845678LV00015B/3525

9798362587253